essentials

Springer Essentials sind innovative Bücher, die das Wissen von Springer DE in kompaktester Form anhand kleiner, komprimierter Wissensbausteine zur Darstellung bringen. Damit sind sie besonders für die Nutzung auf modernen Tablet-PCs und eBook-Readern geeignet. In der Reihe erscheinen sowohl Originalarbeiten wie auch aktualisierte und hinsichtlich der Textmenge genauestens konzentrierte Bearbeitungen von Texten, die in maßgeblichen, allerdings auch wesentlich umfangreicheren Werken des Springer Verlags an anderer Stelle erscheinen. Die Leser bekommen„self-contained knowledge" in destillierter Form: Die Essenz dessen, worauf es als „State-of-the-Art" in der Praxis und/oder aktueller Fachdiskussion ankommt.

Dietmar Goldammer

After Work Balance: Die Zeit danach

Die Perspektiven der Älteren

Dietmar Goldammer
Unternehmensberater
Düsseldorf
Deutschland

ISSN 2197-6708
ISBN 978-3-658-04421-3
DOI 10.1007/978-3-658-04422-0

ISSN 2197-6716 (electronic)
ISBN 978-3-658-04422-0 (eBook)

Die Deutsche Nationalbibliothek verzeichnet diese Publikation in der Deutschen Nationalbibliografie; detaillierte bibliografische Daten sind im Internet über http://dnb.d-nb.de abrufbar.

Springer VS

Gedruckt auf säurefreiem und chlorfrei gebleichtem Papier

Springer VS ist eine Marke von Springer DE. Springer DE ist Teil der Fachverlagsgruppe Springer Science+Business Media
www.springer-vs.de

Vorwort

Es ist schon mehrere Jahre her als ich zum ersten Mal so etwas wie Angst oder sagen wir besser Unruhe vor meiner Zukunft empfunden habe. Ich hatte gerade mein seit über 20 Jahren bestehendes Arbeitsverhältnis in einem Konzern-Unternehmen beendet. Es war mein letzter Arbeitstag gewesen und ich ging ein letztes Mal in ein benachbartes Restaurant, in dem ich Kollegen und Mitarbeiter schon oft getroffen hatte. Aber heute, auf dem Weg dorthin in dieser Ruhrgebietsstadt, die ich nie richtig geliebt habe, überfiel mich dann doch der Gedanke: Und das soll es nun gewesen sein?

Diese Unsicherheit war auch nicht finanziell begründet, denn ich verfügte über eine gute Pensionsregelung und dass ich nach meinem Ausscheiden noch einmal einen neuen Anfang finden würde, davon war ich schon überzeugt. Aber da war noch etwas anderes: Bin ich eigentlich darauf vorbereitet?

Bei dieser Aufgabe hatte ich insofern einen Vorteil, als ich meinen Austrittstermin früh genug kannte. Außerdem hatte ich als Personalchef bereits mehrere Mitarbeiter bei der Organisation ihres Ausscheidens begleitet. Dabei hatte ich gelernt, an was man alles denken muss, und nicht alle haben das befriedigend überstanden. Deshalb ist diese Erkenntnis auch ein wichtiger Bestandteil dieses Beitrags.

In den ersten Jahren danach als betriebswirtschaftlicher Unternehmensberater habe ich erfahren, dass man auch Selbständigkeit wieder lernen muss. Man braucht zwar nicht bei Null anfangen, aber als Manager hatte man hilfreiche Geister, die einem viele lästige organisatorische Aufgaben abgenommen haben, und das musste man nun alles wieder selbst machen.

Meine neue Tätigkeit, die ich übrigens in einer für mich neuen Branche ausübe, hat mich dann schon bald wieder mit dem Problem des Älter-Werdens konfrontiert, nicht bei mir selbst, sondern bei meinen Kunden bzw. Partnern, mit denen ich zusammenarbeite. Hinzu kamen Erlebnisse aus dem Freundes- und Bekanntenkreis, die durch die bis vor einiger Zeit noch übliche Vorruhestands-Regelung ausgelöst worden waren. Das alles hat mich dazu bewogen, diesen Beitrag zu schreiben. Ich möchte damit allen jetzigen und zukünftigen Rentnern bzw. Pensionären helfen, die vielen Fragen, die mit dem Älter-Werden aufkommen, zu beantworten.

Düsseldorf
im Oktober 2013

Dr. Dietmar Goldammer

Inhaltsverzeichnis

1 Einleitung

Wir werden immer älter, viele von uns sind noch fit, nicht gerade arm und voller Tatendrang. Sie wollen wissen, welche sinnvolle Tätigkeit man nach dem eigentlichen Berufsleben noch ausfüllen kann.

Besonders schwierig sind diejenigen dran, deren Beruf ihr Lebensinhalt war, und die von einem Tag zum anderen darauf verzichten sollen, die sich auch nicht darauf vorbereitet haben und nun einfach nichts mehr tun sollen. Manche gehen jetzt öfter spazieren, schlafen länger, werkeln im Garten, rufen Freunde an, schaffen sich vielleicht sogar einen Hund an oder versuchen, sich mit wenig Geschick im Haushalt nützlich zu machen. Das kann es also auch nicht gewesen sein, und hält auch nicht lange an.

Fragt man einen Älteren, ob er Angst vor der Zukunft hat, dann wird er schnell antworten, nein, Angst vor der Zukunft nicht, aber Angst davor, nicht mehr zu wissen, was man den ganzen Tag lang machen soll, keine Aufgabe mehr zu haben, nicht mehr gefragt zu werden, sich zu langweilen. Was kann man dagegen tun?

Am besten wäre es natürlich, sich besser auf den immer länger werdenden 3. Lebensabschnitt vorzubereiten, und zwar möglichst schon ein paar Jahre vor dem Ausscheiden aus dem Berufsleben. Aber auch später ist es dafür nicht zu spät. In diesem Beitrag gibt es viele Beispiele und zahlreiche Vorschläge für einen neuen Lebensinhalt, und es wird Rücksicht genommen auf die individuell unterschiedliche Ausgangssituation, denn wer keine Enkel hat, kann sich auch nicht um sie kümmern, und mit einer neuen Sportart zu beginnen, in der man kaum Mittelmäßigkeit erreichen kann, macht auch nicht glücklich.

Aber die Aussichten für die Senioren und Seniorinnen sind doch gar nicht schlecht. Die Arbeitswelt der Jüngeren hat sich stark gewandelt, das wird auch Einfluss auf die Älteren haben. Die Zeiten der Frühpensionierung sind weitgehend vorbei, es entstehen neue Arbeitsplätze speziell für Ältere nach deren erstem Berufsleben, denn sie werden gebraucht, und zwar auch oder gerade als sinnvolle Teil-

D. Goldammer, *After Work Balance: Die Zeit danach,* essentials,
DOI 10.1007/978-3-658-04422-0_1,

zeitbeschäftigung. Oder es gibt immer mehr Möglichkeiten, im sozialen Bereich mit geringer oder gar keiner Entlohnung, aber mit neuem Lebensinhalt.

Es werden Talente freigesetzt, an die man früher gar nicht gedacht hat, z. B. in Form der Gründung einer selbständigen Tätigkeit. Oder es gibt die Chance, das durch die angestrengte Berufstätigkeit des Partners vernachlässigte Zusammenleben mit der Partnerin neu zu beleben. Schließlich kann man auch noch im Alter etwas Außergewöhnliches mit dem „Muskel" im Kopf erbringen, um jung zu bleiben (Helmut Schmidt, Oskar Niemeyer, Berthold Beitz).

2 Was heißt eigentlich alt?

In London bauen zwei ältere Herren, ein Investor mit 72 und ein Architekt mit 74 noch ein Hochhaus. Eine 79-Jährige schreibt einen Bestseller, obwohl sie vorher noch nie ein Buch geschrieben hat. Oder schauen Sie auf die Rolling Stones, die immer noch 1,5 Mio. Besucher in ihr Open Air-Konzert an der Copacabana locken.

Was also ist alt? Ist alt mit 70 oder erst mit 80, oder doch schon mit 60? Es ist noch gar nicht so lange her, da wurden, um Platz für Jüngere frei zu machen, Mitarbeiter bereits mit 50 in den Vorruhestand geschickt, inzwischen wurde die Altersgrenze auf 67 ausgedehnt. Aber auch diese Situation ist nicht überall gleich. In anderen EU-Ländern gehen die Leute aus Protest auf die Straße, weil dort das Rentenalter auf 62 erhöht werden soll. Aber ein Fußballspieler ist mit 35 schon alt, sein Trainer ist es mit 72 noch nicht.

Wir haben es also mit einer Vielzahl von Meinungen zu tun, was alt ist. Hinzu kommt noch das gefühlte Alter, und das bedeutet meistens, dass man sich jünger fühlt als man tatsächlich ist, was man auch gern sein möchte. Ich habe noch niemand getroffen, der gern älter sein oder wenigstens so aussehen wollte, von den Jugendlichen, die erst mit 16 oder 18 in die Disko dürfen, mal abgesehen, und eine mehr zum Schmunzeln geeignete Definition von alt geht so: Wenn man in der Straßenbahn ein hübsches Mädchen anlacht, die darauf hin ebenfalls lächelt und aufsteht, um ihren Platz anzubieten, dann …

Schließlich gibt es noch einen generellen Unterschied beim Alter, und das ist der zwischen Männern und Frauen. Ich hab jedenfalls den Eindruck, dass es besonders den Frauen mitunter schwer fällt, ihr Alter zu akzeptieren. Deshalb feiern sie auch ab 49 keinen Geburtstag mehr. Noch schwieriger wird es, wenn das nächste Jahrzehnt naht, während die meisten Männer damit noch kein Problem haben. Auffällig für die mangelnde Akzeptanz des Alters sind auch Menschen, die z. B. als Schauspieler oder Schauspielerin im Rampenlicht gestanden haben und nun die schwindende Berühmtheit nicht ertragen können. Umgekehrt gibt es Menschen, die mit ihrem Alter kokettieren. Für sie ist der „ehrlich“ gemeinte Zweifel an

D. Goldammer, *After Work Balance: Die Zeit danach*, essentials,
DOI 10.1007/978-3-658-04422-0_2, © Springer Fachmedien Wiesbaden 2014

ihrem Alter ein Kompliment und keine Beleidigung. Genauso wie inzwischen die Bezeichnung „Jung-Senioren“ hingenommen wird, womit die 45- bis 59-Jährigen in der Reichweiten-Forschung der Medien gemeint sind.

Die neue Arbeitswelt

3

Einen starken Einfluss auf die Lebenssituation der Menschen nach ihrer aktiven Zeit wird die geänderte Arbeitswelt haben. Viele Jüngere, die sich jetzt um einen Job bewerben, können sich kaum vorstellen, wie das bei ihren Vätern war, die nach der Ausbildung oder dem Studium bei einer Firma angefangen haben und dort auch pensioniert werden.

Heute ist es eher üblich, dass man zunächst einen Zeitvertrag bekommt, und den auch nur für eine Teilzeit, so dass für den anderen Teil ebenfalls ein Arbeitsvertrag erforderlich ist. Manche wollen das auch gar nicht anders, weil sie so ihre Flexibilität und ihre Mobilität aufrecht erhalten können. Das Bruttogehalt steht nicht mehr als erstes auf ihrer Wunschliste für den neuen Arbeitgeber, sondern Selbständigkeit, Verantwortung, die sie möglichst schnell übernehmen wollen, und Kollegialität. Angestrebt wird kein 60-Stunden-Tag sondern eine Work-Life-Balance, die auch dazu führt, dass immer mehr (junge) Väter Elternurlaub nehmen, und das wiederum konnten sich deren Väter schlecht vorstellen.

Wahrscheinlich ist diese neue Mentalität ja auch eine Chance, denn den kontinuierlichen Aufstieg der Väter in den großen Unternehmen gibt es nicht mehr. Ich habe selbst noch erlebt, wie eine ganze Hierarchieebene eines Konzern-Unternehmens nach Pensionierung und Vorruhestand nicht wieder besetzt wurde, und keiner hat es gemerkt. Viele Jobs gibt es also gar nicht mehr und könnten deshalb auch nicht von den Söhnen und Töchtern angestrebt werden.

Auch die Frauen sind am kommen, auch ohne Frauenquote. Sie sind besser ausgebildet als früher. Sie wollen nicht nur Kinder bekommen, sie erreichen inzwischen öfter die Führungsebene und es ist auch bei uns üblich geworden, dass beide Partner berufstätig sind. Immer mehr familienfreundliche Arbeitsplätze machen das möglich, besonders in kleinen und mittleren Unternehmen.

Es gibt einen Trend zum Selbständig machen, früher noch aus der Not des Arbeitsplatzverlustes, heute mehr aus Neigung, insbesondere in Form von Partnerschaften. Dann gewinnt man eine andere Einstellung zur Wochen- und Lebens-

D. Goldammer, *After Work Balance: Die Zeit danach*, essentials,
DOI 10.1007/978-3-658-04422-0_3, © Springer Fachmedien Wiesbaden 2014

arbeitszeit. Neue Interessen tauchen auf. Wie überhaupt ich denen, die nicht los lassen, sich nicht vorstellen können, keine berufliche Herausforderung mehr zu haben, wenn sie älter geworden sind, empfehle, sich selbständig zu machen, denn dann gibt es keine Altersgrenze mehr.

4 Gewohnheiten im Alter

Was machen ältere Menschen anders? Die erste Antwort lautet: Sie interessieren sich mehr für Gesundheitsthemen, und das nicht ohne Grund. Z. Zt. wird wieder kontrovers darüber diskutiert, wie das deutsche Gesundheitssystem reformiert werden kann. Besonders gilt das für die Private Krankenversicherung (PKV). Einige Politiker wollen deshalb den Unterschied zwischen privaten Versicherungen und gesetzlichen Krankenkassen ganz abschaffen und alle in eine Bürgerversicherung einbringen. Auch Experten sagen, dass dieses sozialpolitische Problem sich innerhalb des Geschäftsmodells der Privaten Krankenversicherung nicht lösen lasse. Ansonsten wird immer wieder empfohlen, doch tunlichst in der gesetzlichen Krankenversicherung zu bleiben, auch wenn diese im Laufe eines Lebens mal teurer sein sollte. Nur diese Empfehlung ist von denjenigen, die sich früher einmal anders entschieden haben, nicht mehr zu realisieren. Angesichts dieser Situation sollten Senioren und Seniorinnen auf die Entwicklung dieser existentiellen Frage achten und ggfs. andere Entscheidungen treffen, z. B. in den Basistarif der PKV umzusteigen.

Was ändert sich noch? Z. B. wird das Fernsehen zur wichtigsten Informationsquelle. Manche Senioren können dank der Hilfe ihrer Enkel oder jüngerer Freunde inzwischen auch so gut mit dem Internet umgehen, dass dies zur täglichen Übung gehört, die auch finanziellen Nutzen bringen kann.

Aufmerksam gelesen wird jetzt auch wieder der Lokalteil der Tageszeitung, weil darin Tipps zum Einkaufen oder Hinweise auf Veranstaltungen und Berichte über das eigene Viertel wahrgenommen werden können. Bücher, für die es früher keine Zeit oder keine Lust gab, werden gelesen. Jetzt kann man auch spezielle Bücher über das Älter-Werden lesen und die meisten Autoren kommen darin zu dem Ergebnis, dass die Senioren und Seniorinnen zwar beständig, loyal und gründlich sind, aber auch weniger veränderungsbereit, und sie brauchen mehr Zeit, weil sie langsamer geworden sind. Dafür wiederum sollten die Jüngeren mehr Verständnis aufbringen.

D. Goldammer, *After Work Balance: Die Zeit danach*, essentials,
DOI 10.1007/978-3-658-04422-0_4, © Springer Fachmedien Wiesbaden 2014

Manche geben auch ihre frühere sportliche Betätigung auf, nicht alle müssen das aus gesundheitlichen Gründen tun, sondern machen das aus Bequemlichkeit. Aber das ist bedauerlich, denn Sport ist nach Auffassung der Mediziner die wohl wichtigste Maßnahme gegen das Altern. Deshalb komme ich darauf auch noch etwas ausführlicher zurück, und ganz schlecht wäre es, wenn nur noch der Hund für ein wenig tägliche Bewegung sorgt.

5 Ein Plan für das Alter

Vielen Menschen fällt es schon in jüngeren Jahren schwer, eine Lebensplanung zu machen. Zudem macht die neue Arbeitswelt mit mehreren Jobs es schwerer, auch einen Plan für das Alter zu erstellen. Aber das wird insbesondere wegen der finanziellen Vorsorge immer notwendiger, und gerade dabei ist die individuelle Ausgangssituation unterschiedlich. Während Menschen um die 50 daran nur noch wenig ändern können, müssen die Jüngeren mehr dafür tun als ihre Eltern.

Weitere Kriterien für die Planung sind die familiäre Situation, die Art der Tätigkeit, der Standort und das Lebensziel. Bei der familiären Situation spielen Kinder, etwaige Pflegefälle oder auch die Frage eine Rolle, ob auch die Partnerin eine Selbstverwirklichung erleben möchte. Bei der Tätigkeit besteht der wichtigste Unterschied darin, ob jemand selbständig oder abhängig tätig sein möchte, was man übrigens auch noch in mittleren Jahren entscheiden kann, und die Standortfrage bezieht sich nicht nur auf Stadt oder Land, sondern immer mehr auch auf das Ausland. Für jüngere Leute wird die Globalisierung nicht nur zu einer Chance, sondern zur Voraussetzung für eine berufliche Karriere. Das war früher nicht in diesem Maße der Fall. Schließlich braucht man auch ein Ziel, denn sonst kann es passieren, dass bestimmte Entscheidungen in die falsche Richtung gehen, oder dass man sich zu viel vornimmt.

Es gibt also genügend Gründe, rechtzeitig einen Plan für das Alter zu machen. Viele haben das (früher) auch bereits für ihr Unternehmen getan oder waren zumindest daran beteiligt, aber nicht für sich selbst. Das Stichwort „Businessplan“ soll deshalb hier aufgerufen werden. Während der Businessplan eines Unternehmens insbesondere die Planung von Investitionen, Kosten, Erlösen und Ergebnissen zum Gegenstand hat, sollte der Businessplan für das Alter folgende persönlichen Ereignisse, von denen die Entwicklung abhängt, beinhalten: Versorgungslage, Wohnungs-und Umfeld- Situation, Sport- und Freizeitgestaltung. Da man im Alter mehr dazu neigt, etwas zu vergessen, ist es außerdem erforderlich, wichtige Vor-

D. Goldammer, *After Work Balance: Die Zeit danach*, essentials,
DOI 10.1007/978-3-658-04422-0_5, © Springer Fachmedien Wiesbaden 2014

kommnisse einzuplanen, z. B. Geburtstage, den Hochzeitstag, oder das Auslaufen von Vereinbarungen.

Noch professioneller wäre es, wenn Sie nun auch noch über einen Masterplan nachdenken. In der Wirtschaft geschieht das dadurch, dass 3 Szenarien für die Zukunft geplant werden, ein mittleres (wahrscheinliches), ein außerordentlich positives und ein negatives (Worst Case), und obwohl noch keiner weiß, welches Szenario eintritt, liegen bereits für alle drei Fälle Lösungen in der Schublade. Überlegen Sie doch bitte, welche Lösung in Ihrer Schublade liegt, wenn z. B. die Versorgungssituation sich verschlechtern sollte.

6 Das Netzwerk für den Ruhestand

Sozusagen „verwandt" mit dem Business- und Masterplan ist der Aufbau eines Netzwerkes für den Ruhestand, und auch dabei kann man eine Anleihe am Berufsleben machen, zumal Teile des beruflichen Netzwerks auch in das persönliche Netzwerk übertragen werden können. Dabei darf man allerdings nicht den Fehler machen, zu glauben, dass beruflich auf das Unternehmen bezogene Kontakte auch nach der Pensionierung weiter wahrgenommen werden können. Das aber hatte ein Bekannter als Manger einer Bank geglaubt, und angenommen, dass er auch später sein früheres Unternehmen im Haus- und Grundbesitzer-Verein vertreten könnte. Aber diese Aufgabe oblag schon seinem Nachfolger!

Netzwerke sind persönliche Kontakte und auch im Beruf galt schon die Erkenntnis, dass man Kontakte aufbauen muss, bevor man sie nutzen kann, dass man dafür Zeit investieren muss und dass ein Netzwerk auf Geben sowie Nehmen aufbaut. Das gilt natürlich auch später noch. Im Alter kommt noch die Erkenntnis hinzu, dass man selten noch neue Freunde bekommt, und deshalb die alten pflegen muss. So gibt es nicht selten die Situation, dass man sich im Berufsleben mit Kooperationspartnern oder Kunden näher gekommen ist, die ähnlich alt sind, ebenfalls aus dem Berufsleben ausscheiden und mit denen man nun den persönlichen Kontakt weiter pflegt. Manche nutzen die früheren Kontakte, um eine neue Tätigkeit als Selbständiger aufzubauen, und oft kommt es vor, dass sich ehemalige Kollegen nach ihrem Ausscheiden die Treue halten und sich regelmäßig treffen sowie gemeinsame Ausflüge machen. Ich selbst gehöre einer solchen Organisation an und einer muss das natürlich auch abwechselnd vorbereiten. Aber das gehört schon in die Abteilung Beispiele für später bzw. Perspektiven.

Das neue Netzwerk könnte darüber hinaus enthalten, den Stammtisch um die Ecke, den Frühschoppen am Sonntag, die Familie, die Nachbarn, die studentische Verbindung, den Kaffee-Klatsch nach dem Training im Fitnesscenter, das gemeinsame Interesse an sportlichen Ereignissen, die Skat-Runde, den Bridge-Club, oder

D. Goldammer, *After Work Balance: Die Zeit danach*, essentials,
DOI 10.1007/978-3-658-04422-0_6, © Springer Fachmedien Wiesbaden 2014

den entfernten Verwandten, dessen Hilfe Sie brauchen, um die Familienchronik zu schreiben. Und diejenigen, die schon früher Golf gespielt haben, werden diese Kontakte natürlich auch jetzt nutzen.

7 Die individuelle Ausgangssituation

Bereits am Anfang hatte ich die Frage gestellt, was heißt eigentlich alt, und war zu dem Ergebnis gelangt, dass die Antwort sehr unterschiedlich ausfällt. Genauso ist es bei der Frage nach der jeweiligen Ausgangssituation. Wenn man kein Talent für eine Sportart hat, dann wird sich das auch im Alter kaum ändern, und wenn man – aus welchen Gründen auch immer – nie ein Instrument zu spielen gelernt hat, dann wird das auch nach der Pensionierung kaum funktionieren. Oder es gibt im konkreten Fall zwar die Möglichkeit, länger zu arbeiten, aber das ist nicht mehr erstrebenswert.

Generell sehe ich vier Kriterien, die als Ausgangsbasis die individuellen Möglichkeiten nach dem Ausscheiden aus dem Berufsleben bestimmen, und das sind, die Gesundheit, das Alter, die Familie (übrigens auch in der neuen Definition des Zusammenlebens) und die finanzielle Situation. Danach wird die Ausgangssituation davon bestimmt, was man früher im Beruf gemacht hat, welche Kontakte man hat, wie befriedigend die Wohnsituation ist, welche Hobbies von früher gepflegt wurden und welche Interessen jemand hat.

Ich habe mir seit einiger Zweit angewöhnt, Menschen im Ruhestand, die ich einigermaßen gut kenne, zu fragen, was sie eigentlich den ganzen Tag lang machen. Das Ergebnis ist so unterschiedlich wie die Menschen. Die Jung-Rentner sagen, morgens länger schlafen, gut frühstücken, Spazieren gehen, Lesen, Mittagessen, Mittagsschlaf, Kaffee und Kuchen, Shopping, Abendessen, Fernsehen. Die nicht mehr so neuen Pensionäre sind darüber längst hinweg. Sie haben neue Werte erkannt und finden sich in meinen Beispielen wieder.

Inzwischen haben auch die Politiker erkannt, dass eine bestimmte Altersgrenze für alle nicht sinnvoll sein kann. Ich greife dafür das Beispiel des immer wieder zitierten Zimmermanns auf, der eigentlich schon mit 65 aber erst recht mit 67 nicht mehr auf dem Dach tätig sein sollte. Das ist doch richtig, aber er könnte etwas anderes machen, nämlich einem jungen Handwerkskollegen dabei helfen, die Buchhaltung in Ordnung zu bringen, Mitarbeiter zu führen und Kunden anzusprechen,

D. Goldammer, *After Work Balance: Die Zeit danach*, essentials,
DOI 10.1007/978-3-658-04422-0_7, © Springer Fachmedien Wiesbaden 2014

denn er war erfolgreich damit. Ich bin überzeugt davon, dass solche Jobs unserer Gesellschaft mehr nutzen als zweifelhafte Leih-Arbeitsverhältnisse.

Die Verabschiedung

8

Für manche ist es ein Trauma, für andere ein Glücksfall. Auch insofern gibt es große individuelle Unterschiede beim Abschied aus dem Berufsleben. Wie es mir persönlich ergangen ist, habe ich schon geschildert. Diejenigen aber, die das bereits hinter sich haben, können sich an den nachfolgenden Ausführungen orientieren. Diejenigen, die sich noch darauf vorbereiten müssen, mache ich auf folgende Erfahrung aufmerksam.

Was kommt danach? Ohne Job, ohne Aufgabe, ohne Verantwortung, ohne morgendliches Aufstehen, ohne die Frage, welche Nachrichten mich morgens im Büro erwarten, wie soll das gehen? Durch konsequente Vorbereitung! Wie?

Aufräumen des Schreibtisches, Aussortierung privater Unterlagen, Dokumentation wichtiger Adressen und Telefonnummern + E-Mail-Adressen, Notieren von Geburtstagen und Jubiläen, Klärung noch nicht erledigter Verpflichtungen, Erhaltung des Kontaktes zu bestimmten Kollegen und Mitarbeitern, Mitnahme von (eigenen) Arbeitsunterlagen, Beitritt zum Pensionsverein, Hinterlassung der zukünftigen Erreichbarkeit.

Vergessen Sie nichts, denn schon bald sind alle Türen verschlossen, und einige Unternehmen gibt es nicht mehr.

D. Goldammer, *After Work Balance: Die Zeit danach*, essentials,
DOI 10.1007/978-3-658-04422-0_8, © Springer Fachmedien Wiesbaden 2014

9 Angst vor dem Älter-Werden

Haben Sie Angst vor dem Alter? Wenn man anderen Menschen diese Frage stellt, dann antworten viele, dass sie Angst davor haben, im Alter finanziell nicht mehr zurecht zu kommen oder nicht mehr ohne fremde Hilfe leben zu können, der Familie zur Last zu fallen. Vielleicht ist Angst auch nicht der richtige Ausdruck dafür. Besser wäre wohl das Wort Befürchtung, denn eine solche Situation muss ja nicht zwangsläufig eintreten. Aber die Jüngeren sollten schon für eine bessere finanzielle Situation im Alter vorsorgen.

Auch wenn man bereits pensioniert ist, lohnt es sich zur Vermeidung von Problemen die familiären Hinterlassenschaften zu regeln (z. B. Haus, Betrieb, Vermögen), noch bestehende Verpflichtungen zu klären, und ich denke in diesem Zusammenhang an Unternehmer und Selbständige, die nicht loslassen können und damit sogar die Existenz ihres Lebenswerkes aufs Spiel setzen.

Neben diesen Befürchtungen gibt es eine bestimmte Situation, für die der Ausdruck Angst wohl wirklich angebracht ist. Ich meine damit die Angst vor dem Verlust des Partners oder der Partnerin im Alter. Bemerkenswerter Weise ist das noch immer ein Tabu-Thema. Denn auch in Kreisen älterer Freunde oder Bekannter, die mit so etwas rechnen müssen, wird darüber nicht gesprochen. Woran liegt das? Ich glaube das Thema ist einfach zu emotional, so dass selbst langjährige Eheleute sich scheuen, darüber zu reden. Wahrscheinlich haben auch einige Angst davor, dass der Partner oder die Partnerin das anders sieht, als man selbst. Ich bewundere die Menschen, die in der Lage sind, das ganz nüchtern zu besprechen, und oft sind es die Frauen, die das besser können als die Männer. Das wiederum könnte daran liegen, dass sie länger leben als (ihre) Männer. Es gibt auch eine ganz besonders schwierige Frage. Würden Sie Ihrem Partner oder Ihrer Partnerin den Rat geben, noch einmal zu heiraten, wenn Sie früher sterben? „Altwerden ist nichts für Feiglinge“, sagt Joachim Fuchsberger in seinem Buch. Vielleicht hilft uns das.

D. Goldammer, *After Work Balance: Die Zeit danach*, essentials,
DOI 10.1007/978-3-658-04422-0_9,

10 Rückblick auf ein erfülltes Leben

Den Zugang zu diesen Gedanken findet man am besten in stiller Stunde, auf einer Bahnfahrt im Anblick der vorbei ziehenden Landschaft, oder beim Wandern. Erinnerungen werden wach, beim Anschauen alter Fotoalben (früher hat man das ja noch gepflegt) oder beim Stöbern im Keller und auf dem Speicher. Wer kann sich noch an seinen ersten Arbeitstag erinnern? Manchen fällt das genauso schwer wie die Erinnerung an die erste Liebe. Dagegen können sich andere noch gut an ihr erstes Gehalt erinnern, und vielleicht haben sie es ja auch genutzt, um ihre damalige Freundin zum Essen einzuladen. Jedenfalls ist die Entscheidung für die erste Tätigkeit von nachhaltiger Bedeutung für das gesamte Berufsleben. Manchmal war es der Zufall, der sich als glückliche Fügung erweist oder es gab selbst auferlegte Einschränkungen z. B. möglichst in der gewohnten Umgebung zu bleiben, die davon abgehalten haben, andere Chancen zu nutzen.

Z. Zt. wird in den Zeitschriften und Zeitungen mal wieder darüber nachgedacht, aus welcher Kindheit heute bekannte Leute in Politik, Kultur und Wirtschaft hervorgegangen sind und insbesondere, wer aus sog. kleinen Verhältnissen stammt. Meistens wollen die Journalisten dann wissen, wem der Erfolg zu Kopf gestiegen ist oder wer umgekehrt nach wohlhabender Geburt das Vermögen der Väter verspielt hat. Aber auch viele „normale" Leute können stolz sein, auf das, was sie im Leben erreicht haben und schreiben das mit bildlichen Erinnerungserlebnissen auf, um es z. B. ihren Nachfahren zu hinterlassen. Manche betrachten das als Angeberei, aber das sehe ich nicht so, und ich habe auch ein Beispiel dafür. Ein Mitglied meines Freundeskreises wusste nach dem Eintritt in den Vorruhestand nicht so recht, was er nun machen sollte. Wir haben gemeinsam darüber gesprochen und ihm geraten, die Erinnerungen über sein Leben in einer kleinen Broschüre festzuhalten, denn wir wussten, dass er als früherer PR-Mann gut schreiben konnte. Als er dann leider früh starb, war er damit fast fertig geworden und da wir alle darin vorkamen, hatten wir bei seiner Trauerfeier noch einmal ein paar Stunden ein wunderschönes Erlebnis mit unserm toten Freund.

D. Goldammer, *After Work Balance: Die Zeit danach,* essentials,
DOI 10.1007/978-3-658-04422-0_10, © Springer Fachmedien Wiesbaden 2014

Zu empfehlen ist ein derartiges Nachdenken über das eigene Leben in stiller Stunde auch deshalb, weil man sich auf diese Weise gewissermaßen als Zusatznutzen auch daran erinnert, mit wem man unbedingt wieder Kontakt aufnehmen möchte. Aber etwas sollten sie nicht machen, nämlich darüber nachzudenken, was gewesen wäre, wenn Sie z. B. einen andern Beruf ergriffen hätten, in einem anderen Ort aufgewachsen wären oder eine andere Partnerin geheiratet hätten. Darauf findet man keine befriedigende Antwort, das ist reine Spekulation.

11 Muss man Muße wieder lernen?

Diese Frage möchte ich mit ja beantworten, denn Muße ist etwas anderes als Langeweile. Jedenfalls hat Muße etwas zu tun mit Freizeit, und die haben viele Menschen im Berufsleben nicht. Manche können auch schon gar nicht mehr richtig abschalten. Wir leben in einer Welt, in der es so ziemlich alles gibt, nur keine Muße. Gar nichts zu tun ist für viele sogar die schwierigste „Beschäftigung" überhaupt.

Manche betrachten Muße auch als Voraussetzung, um in Ruhe über ein Problem nachdenken zu können. Ein Beispiel dafür ist der Unternehmer, der sich jedes Jahr eine Auszeit für eine Woche nimmt, und in einer abgelegenen Berghütte über wichtige Entscheidungen für seinen Betrieb nachdenkt, die er im Jahr zuvor speziell für diese Zeit gesammelt hat.

Andere hingegen können ohne Störung selbst im Urlaub nicht mehr leben, sie werden schlecht gelaunt, wenn das Handy nicht klingelt oder E-Mails nur von Werbefirmen ankommen. Sie werden es schwer haben ohne den Beruf. Aber vielleicht kann jetzt die Partnerin oder der Partner helfen.

D. Goldammer, *After Work Balance: Die Zeit danach*, essentials,
DOI 10.1007/978-3-658-04422-0_11, © Springer Fachmedien Wiesbaden 2014

12 Verändert sich das Zusammenleben in der Partnerschaft?

Etwas, worauf viele reichlich spät kommen, besteht darin, mit der Partnerin oder dem Partner über die Zeit nach dem Beruf zu sprechen. Da sich die beiden besser kennen als Bekannte oder Freunde, ist das zumindest im ersten Anlauf erfolgversprechender als die Abfrage im Internet.

Während die Frauen in der Regel schon früher aufgehört haben zu arbeiten und ihren individuellen Weg gefunden haben, sind es besonders die Männer, die allen Anlass dazu haben, darüber nachzudenken. Denn sie sind es, die aus beruflichen Gründen oft unterwegs waren, und wenn sie danach nach Hause kamen, hatten sie oft keine Lust mehr oder waren zu müde, um gemeinsam noch etwas zu unternehmen. Manche haben deshalb „vergessen", welche Interessen die Partnerin hat.

Wahrscheinlich hat diese Entwicklung mit unserer Familientradition zu tun, die darin bestand, dass der Mann das Geld verdient und die Frau für Haushalt und Familie zuständig war. Aber diese Situation ist nach der Pensionierung vorbei. Die Rollen verändern sich wieder. Man ist zwar nicht mehr so jung wie früher und auch nicht mehr so beweglich, aber eigentlich könnte man doch noch einmal gemeinsam starten. Das Altersmodell „Mann spielt Golf und Frau Bridge" gilt jedenfalls nicht als erstrebenswert.

D. Goldammer, *After Work Balance: Die Zeit danach*, essentials,
DOI 10.1007/978-3-658-04422-0_12, © Springer Fachmedien Wiesbaden 2014

13 Was kann ich besser als andere?

Auch über diese Frage haben einige schon während ihres Berufslebens nachgedacht, aber nicht für sich, sondern für das Unternehmen. Damit wollte man herausfinden, was das Alleinstellungsmerkmal, die Unique Selling Proposition (USP) des Unternehmens ist. Oft ist das nicht die fachliche Qualifikation, denn das können andere auch gut, sondern es sind die sog. weichen Erfolgsfaktoren wie Freundlichkeit, Ansprechbarkeit, Flexibilität und Kooperationsfähigkeit.

Versuchen Sie jetzt bitte, dieses Verfahren auf Ihr persönliches Alleinstellungsmerkmal zu übertragen. Wie man das macht, dafür gibt es mehrere Möglichkeiten. Ich empfehle Ihnen zunächst darüber nachzudenken, was in Ihrem Leben schön war. Für viele sind das Erinnerungen an die Schulzeit oder das Studentenleben, die erste Liebe, die erste Wohnung, das Erlebnis der Geburt des ersten Kindes oder Erfolge in der beruflichen Karriere.

Erinnerungen kommen auch auf durch einen alten Film, den Sie früher schon mal gesehen haben. Oder Sie können nachts nicht gut schlafen, Stehen Sie auf, betrachten den klaren Himmel, den Mond, die Sterne, und plötzlich erinnern Sie sich dabei an früher. Sie schlafen wieder ein und wissen am nächsten Morgen was gut war.

Eine andere Möglichkeit besteht darin, sich auf eine alte Regel zu besinnen, die besagt, dass die meisten Menschen mit 20 % ihres Tuns 80 % ihres Erfolges erreichen. Finden Sie heraus, was Ihre 20 % sind. Z. B. kann es sein, dass Sie gut zuhören oder gut organisieren können, auf neue Ideen kommen, ausgleichend wirken oder frei reden können. Solche Fähigkeiten werden nach der Pensionierung nicht verschwinden und vielleicht sind Sie ja genau der richtige, um das nächste Klassentreffen zu organisieren.

D. Goldammer, *After Work Balance: Die Zeit danach*, essentials,
DOI 10.1007/978-3-658-04422-0_13, © Springer Fachmedien Wiesbaden 2014

14 Kann ich noch einmal etwas Neues anfangen?

Manche warten geradezu darauf, endlich etwas zu machen, was ihnen mehr Spaß bereitet, z. B. bei einem Sohn oder einem Freund in dessen Geschäft einzusteigen. Ansonsten ist es natürlich ein Unterschied, ob man 60, 65, oder 70 ist, wenn man so etwas vorhat. Aber die Chancen der Senioren werden immer besser (s. Perspektiven). Dabei spielt auch eine Rolle, ob der neue Job mit Einkünften verbunden oder nur eine sinnvolle Beschäftigung sein soll.

Eine Zwischenlösung besteht darin, dass die Möglichkeit einer Tätigkeit in der Organisation des Senior Experten Service genutzt wird. Diese Einsätze erbringen zwar kein Honorar, aber die Erstattung sämtlicher Kosten, in vielen Fällen auch im Ausland. Das Anstreben eines Ehrenamtes wird demgegenüber eher skeptisch gesehen. Beim Aufbau des Seniorenprogramms einer Volkshochschule habe ich die Erfahrung gemacht, dass die Teilnehmer überwiegend daran interessiert waren, die Erfahrungen aus ihrem Berufsleben weiter zu geben.

Manchmal gelingt es auch, dass jemand sich nach der Tätigkeit als Angestellter in seinem Fachgebiet selbständig macht. Früher war das sogar die einzige Chance, der Arbeitslosigkeit zu entgehen. Erfolg hat das nicht immer gebracht. Aber bei Selbständigen ist es oft üblich, dass sie nach dem Ausscheiden aus ihrem Unternehmen noch eine Zeit lang als Berater tätig bleiben und manchmal werden sie auch als Mitglied des Beirats für das Unternehmen noch gebraucht. Manche finden auch darin eine befriedigende Lösung, ein neues Studium zu beginnen, oder in die Politik zu gehen. Darauf komme ich noch zurück.

D. Goldammer, *After Work Balance: Die Zeit danach*, essentials,
DOI 10.1007/978-3-658-04422-0_14,

Standortüberlegungen 15

Eine Überlegung, die viele angehende und noch fitte Senioren und Seniorinnen bewegt, ist die Frage nach dem richtigen Standort im Alter. Besonders wichtig ist es für viele, auch dann noch in den eigenen vier Wänden leben zu können, nicht ins Altersheim umziehen zu müssen, und bei manchen fängt dieses Problem schon an, wenn sie aus ihrem bisherigen Haus in eine Wohnung ziehen sollen. Wenn man diesen Menschen einen Rat geben kann, dann hilft immer noch am besten der Hinweis auf Beispiele mit positiven Ausgang dieser Situation. So kommt es immer wieder vor, dass neue Bewohner eines Senioren- oder Altersheims die neue Gemeinschaft, die sie dort vorfinden, geradezu als einen Glücksfall empfinden. Oder, die neue, im Unterschied zum bisherigen Haus zentral gelegene sowie altersgerecht gebaute Wohnung eröffnet ganz neue Möglichkeiten der Flexibilität im Alter. Und so wichtig wie im Altersheim die dortigen Mitbewohner für den einzelnen sind, so sind es hier die neuen Nachbarn.

Als besonders problematisch hat sich der Umzug nach der Pensionierung in eine Urlaubsregion erwiesen, die man nur von zwei oder drei Urlaubsreisen kennt. Denn es gibt dort (besonders im Ausland) keine Bekannten, das Klima ist anders, die Versorgung wird beschwerlicher, die Sehnsucht nach der früheren Heimat wird stärker, und schließlich ist man froh, wieder an den alten Standort zurückziehen zu können.

Zusammenfassend schlage ich deshalb vor, dass Sie folgende Fragen beantworten: Sollen wir noch einmal umziehen (z. B. in die Nähe der Kinder und Enkelkinder)? Sollen wir unser Haus aufgeben und in eine Wohnung ziehen? Brauchen wir eine altersgerechtere Umgebung? Welche (fremden) Länder wollen wir noch besuchen? Gibt es genug Service in der Nähe (Ärzte, Apotheken, Lebensmittel, Restaurants, Sportstätten)? Brauchen wir in Zukunft noch zwei Autos (oder lieber zwei Fahrräder)? Wie gut ist die Verkehrsanbindung? Sollen wir einem Ortsverein beitreten? Welche Entwicklung gibt es in unserer Umgebung?

D. Goldammer, *After Work Balance: Die Zeit danach*, essentials,
DOI 10.1007/978-3-658-04422-0_15, © Springer Fachmedien Wiesbaden 2014

16 Welche Sportarten gibt es für Senioren?

Ausgehend davon, dass sportliche Betätigung im Alter auf der Basis unterschiedlicher gesundheitlicher Voraussetzungen die beste Medizin für die Älteren ist, sollte man diesem Thema auch größere Aufmerksamkeit widmen. Wenn man die Zeitung aufschlägt oder im Fernsehen kurz vor der Tagesschau die Werbung sieht, und erst recht natürlich im Internet, dann kann man den Eindruck gewinnen, dass etwas ganz anderes gemeint ist, nämlich z. B. Faltmatten für Senioren, Happy Aging, Treppenaufzüge, Elektro-Fahrräder oder Sonderangebote für Ältere mit Komplett-Service.

So nützlich das auch sein mag, aber das meine ich natürlich hier nicht. Ich möchte Ihnen Sportarten empfehlen, die man auch noch im Alter ausüben kann. Dabei spielt natürlich eine Rolle, in welcher Form man sich vorher sportlich betätigt hat. Neulich wurde in einer Talk-Show im Fernsehen die amtierende Weltmeisterin im Kugelstoßen in ihrer Altersklasse vorgestellt. Sie war 86 Jahre alt!

Menschen ohne solche Ambitionen pflegen eher das Rad fahren, jedenfalls dann, wenn man das von früher gewohnt ist und man in der Stadt nicht ständig mit den Autofahrern kämpfen muss. Und bitte bleiben Sie gelassen, wenn Sie beim Ski-Langlauf von spurtenden Einheimischen überholt werden, die älter sind als Sie. Aber nehmen Sie sich auch kein Beispiel an der Dame, die bei einer ganz leichten Abfahrt hinfällt und in dieser Stellung erst mal eine Zigarette raucht.

Spezielle Sportarten (nur) für Ältere gibt es eigentlich nicht. Aber einige, wie Tennis, Golf, Schwimmen und Boule, kann man besonders dann im Alter ausüben, wenn man schon vorher damit angefangen hat. Und schließlich ist auch die nachsportliche Runde im Fitness-Center eine Kontaktmöglichkeit. In meinem Center machten das zunächst nur die Männer, jetzt machen ihnen die Frauen dabei Konkurrenz, aber zur Aerobic-Stunde gehen die Männer nicht.

D. Goldammer, *After Work Balance: Die Zeit danach*, essentials,
DOI 10.1007/978-3-658-04422-0_16, © Springer Fachmedien Wiesbaden 2014

17 Anregungen zur aktiven Gestaltung der Freizeit

Ich muss mir inzwischen alles aufschreiben bzw. in meinem Handy speichern. Sonst vergesse ich wichtige Termine und besonders schlimm ist es beim Erinnern an Namen. Aber das war früher schon so, ist also kein Anzeichen von Demenz. Wenn Ihnen das auch so geht, dann sollten Sie sich darüber keine Gedanken machen.

Entscheidend für die Wahl der Freizeitbeschäftigung ist, dass man das wirklich gern macht. Wenn man z. B. beim Sprachunterricht nur noch auf die Uhr schaut und das Ende herbei sehnt, oder einen Theaterbesuch nur deshalb macht, weil jemand das empfohlen hat, dann sollte man das nicht machen.

Am meisten fangen die Senioren nach der Pensionierung an zu malen, aber ohne sichtbaren Erfolg, und das wirkt dann schnell frustrierend. Erfolgversprechender ist es dann eher, zu Handwerken, obwohl auch das mit Risiken verbunden ist. Ein Bekannter hatte sich mit dem Bau eines Carports etwas zu viel vorgenommen und dabei eine Fingerkuppe eingebüßt. Zufrieden stellender ist es dann doch, wenn es einem Oldie gelingt, seine Wohnung neu zu tapezieren und anzustreichen, wofür er anschließend von seinen Bekannten anerkennend gelobt wird.

Was auch eine gewisse Anziehungskraft auf pensionierte Männer hat, ist das Kochen, und zwar einschließlich des vorherigen Einkaufs der dazu gehörigen Lebensmittel. Manche werden damit auch noch richtig professionell. Ein ganz anderes Hobby könnte das Fotografieren werden, das einem heutzutage erleichtert wird, weil man nicht mehr den vielen Platz für Alben und Dias braucht, und weil der neue Foto-Künstler sich schnell über das Internet verbreiten kann.

Auf die Idee, im Alter noch eine neue Fremdsprache zu lernen, kommen eher Frauen als Männer. Aber das als Selbstzweck zu betreiben, macht auch keinen Spaß. Wenn diese Fremdsprache aber dazu dient, sich im dazu gehörigen Ausland, wo man sich längere Zeit aufhält, besser zu verständigen, dann ist das schon sehr hilfreich. Ein wieder anderes Thema ist das Sammeln. Ich bin immer wieder erstaunt darüber, wenn ich erfahre, was man alles sammeln kann. Briefmarken und Münzen

D. Goldammer, *After Work Balance: Die Zeit danach*, essentials,
DOI 10.1007/978-3-658-04422-0_17, © Springer Fachmedien Wiesbaden 2014

oder Bierdeckel sind da ja schon ein alter Hut, aber auch das Sammeln von Spielzeug, von Kronkorken oder historischer Feuerzeuge kann so weit gehen, dass man zur Teilnahme an Ausstellungen eingeladen wird.

Angesagt ist an dieser Stelle auch das Stichwort „Spielen". Skat, Doppelkopf, Kanaster, Schafskopf, Schach oder Bridge haben die meisten, die das noch im Alter spielen, schon viel früher gelernt. Der Vorteil davon ist auch nicht nur der Spaß am Spiel, sondern der regelmäßige Kontakt mit den Mitspielern. Schließlich sollte nicht vergessen werden, auf ein oft verborgenes Talent hinzuweisen. Damit meine ich das Schreiben eines Buches, einer Abhandlung oder der bereits erwähnten Familienchronik. Versuchen Sie es doch einfach mal. Es ist allerdings – und da spreche ich aus eigener Erfahrung – nicht so einfach, dafür auch einen Verlag zu finden. Aber auch das ist für manche kein Problem. So hatte mir vor kurzem ein Bekannter berichtet, dass er jetzt auch einen Roman schreibe. Ich war natürlich neugierig und habe ihn gefragt, bei welchem Verlag er denn sein Buch schreibe. Seine Antwort: „Ich habe noch gar keinen, ich werde meinen Roman zunächst zu Ende schreiben, und wenn ich dann immer noch keinen Herausgeber dafür gefunden habe, habe ich dennoch ein persönliches Erfolgserlebnis."

Senioren und die Politik 18

Wie groß ist die politische Macht der Alten? Leider nicht groß! Zwar sind Senioren und Seniorinnen die eifrigsten Wähler, die Wahlbeteiligung der 60-bis 69-Jährigen beträgt 80 Prozent. Demgegenüber ist die Wahlbeteiligung der Jüngeren erheblich niedriger und geht weiter zurück. Deshalb „entdecken" die Parteien die Älteren besonders im Wahljahr. Und was ist ihr Lohn? Eine eigene Interessenvertretung auf Bundesebene gibt es nicht. Zwar haben die Parteien eine jeweilige Senioren-Organisation, aber auch damit haben die Alten wenig Einfluss. Wenn sie Glück haben, schafft der Vorsitzende dieser Älteren den Sprung in den Rat der jeweiligen Stadt.

Um die Probleme der Älteren wie z. B. altersgerechtes und bezahlbares Wohnen, die Vermeidung von Altersarmut, betreutes Leben und Hilfe bei der Pflege, kümmern sich die Jüngeren. In manchen Familien gibt es Beispiele für aufopfernde Pflege von alten Verwandten, ohne dass der Staat dafür aufkommen muss.

Am größten ist das Engagement für die Älteren noch bei den Städten. Sie kümmern sich wirklich um ihre älteren Bürger. Seniorenbeiräte bringen sich in den Kommunal-Parlamenten zu Gehör. Sie organisieren Veranstaltungen wie z. B. das „Traumkino für Senioren" oder den „literarischen Spaziergang durch unsere Vergangenheit". Und sie sind Ansprechpartner für individuelle Probleme, wie übrigens auch kirchliche oder gesellschaftliche Organisationen.

D. Goldammer, *After Work Balance: Die Zeit danach*, essentials,
DOI 10.1007/978-3-658-04422-0_18, © Springer Fachmedien Wiesbaden 2014

19 Welche Vergünstigungen kann man als Senior nutzen?

Das ist eigentlich auch ein Thema der Politik, denn in anderen Ländern wird dafür mehr getan, z. B. in Form der verbilligten oder gar kostenlosen Nutzung öffentlicher Verkehrsmittel und durch reduzierte Eintrittspreise in Museen und Kinos. Manchmal gibt es das auch in Deutschland, z. B. bei Ausstellungen oder am Vormittag im Kino mit anschließendem Seniorenteller im Restaurant. Aber ansonsten muss man sich als Pensionär schon selbst um Vergünstigungen kümmern.

Oft begegnet man der Meinung, dass die Menschen im Ruhestand weniger Zeit haben als vorher. Das stimmt manchmal sogar, aber dann liegt das daran, dass sie sowohl für die Suche als auch die Umsetzung interessanter Möglichkeiten mehr Zeit aufwenden können als die Aktiven. Das beginnt damit, dass sie schon vormittags während der Arbeitszeit der anderen ins Fitness-Studio gehen und geringere Mitgliedspreise nutzen können.

Es geht weiter mit der Suche im Internet, wo sie einen Flug von Düsseldorf nach Rom für 29 Euro finden. Es gibt eine Restaurant-Organisation, die ebenfalls im Internet oder in Broschüren anbietet, dass zwei mittags essen können und nur einer bezahlt.

Die Senioren haben Zeit, um im Kaufhaus nach „Schnäppchen" zu suchen. Im Winter fliegen sie nach Mallorca und noch vorher im November (zu Last-Minute-Preisen) machen sie eine Kreuzfahrt. In der Volkshochschule erfahren sie Anregungen zur Lebenshilfe. Sie können an Senioren-Kursen zur Verkehrs-Sicherheit teilnehmen, und einmal im Monat finden sie in ihrer Zeitung das Programm: „Was ist los in unserer Stadt?"

D. Goldammer, *After Work Balance: Die Zeit danach*, essentials,
DOI 10.1007/978-3-658-04422-0_19, © Springer Fachmedien Wiesbaden 2014

20 Beispiele für Tätigkeiten der Senioren

Die folgende Aufzählung erhebt zwar keinen Anspruch auf Vollständigkeit, aber vielleicht finden Sie darin auch für sich eine Anregung oder kommen auf eine ähnliche Idee.

- Wolfgang, der Sammler
- Klaus, der Winzer
- Edith, die Porzellan-Malerin
- Christian, der Romancier
- Thomas, der Beirats-Vorsitzende
- Oskar, der Organisator der Pensionäre
- Dieter, der Abteilungsleiter für den Jugendsport
- Christof, der Ansprechpartner für den Wanderverein
- Henner, der Vorsitzende des Seniorenvereins
- Silvia, die Organisatorin des Freundeskreises
- Rüdiger, der Vorsitzende des Bürgervereins
- Heiner, der frühere Syndikus als Anwalt
- Uwe, der frühere Presse-Sprecher als PR-Agent
- Siegfried, der ehemalige Mitarbeiter des Finanzamtes als Steuerberater
- Andreas, der ehemalige EDV-Experte als DV-Berater
- Joachim, der Oldie im Hörsaal
- Rudi, der „Argentinier“
- Jürgen und Horst, die Jäger
- Konrad, der Angler
- Frank, der Hobby-Koch
- Karin, die Bridge-Spielerin
- Georg, der Altherren-Vorsitzende
- Rita, die Fremdenführerin

D. Goldammer, *After Work Balance: Die Zeit danach*, essentials,
DOI 10.1007/978-3-658-04422-0_20, © Springer Fachmedien Wiesbaden 2014

21 Der Senioren-Service großer Städte (Beispiel Düsseldorf)

Beratungsstellen (Zentren Plus)

- Hilfe und Unterstützung im Alltag
- Wohnen im Alter
- Interessenvertretungen
- Ehrenamtliches Engagement
- Kultur, Freizeit, Sport
- Soziale Leistungen
- Vorsorge treffen
- Abschied nehmen

D. Goldammer, *After Work Balance: Die Zeit danach*, essentials,
DOI 10.1007/978-3-658-04422-0_21, © Springer Fachmedien Wiesbaden 2014

22 Noch ein paar Statements

Altern ist nicht mehr zwangsläufig mit körperlichem Verfall verbunden.

Die Nutzung nachberuflicher kreativer Beschäftigungspotentiale liegt vielfach brach, weil das Wissen darüber fehlt.

Die Generation der 65- bis 85-Jährigen fühlt sich 10 Jahre jünger, als sie tatsächlich ist.

Der berufliche Neustart der über 50-Jährigen und das Comeback der über 65-Jährigen werden kommen.

In immer mehr Städten gibt es sog. „SilberTreffs" (für Menschen ab 59).

Wir können nicht mehr als ein Viertel unseres Lebens Rentner sein.

Unsere Gesellschaft braucht die Senioren und Seniorinnen. Viele Leistungen, die sie erbringen, wären sonst gar nicht mehr zu bezahlen.

D. Goldammer, *After Work Balance: Die Zeit danach*, essentials,
DOI 10.1007/978-3-658-04422-0_22,

23 Die Perspektiven der Älteren

Die Aussichten der Senioren sind positiv, denn sie werden in Zukunft neue Aufgaben übernehmen können.

Es beginnt damit, dass sie wieder länger im bisherigen Job arbeiten sollen.

Immer mehr Unternehmen schaffen Arbeitsplätze für Ältere.

Die Zusammenarbeit zwischen Alt und Jung wird gefördert.

Von der Weiterbildung profitieren auch noch 50-Jährige.

Die Personal-Zielgruppe der 55- bis 64-Jährigen wird hofiert.

Manche werden sogar für bestimmte Projekte wieder zurück geholt, und die Älteren sind keine Konkurrenz mehr für das Fortkommen der Jüngeren.

D. Goldammer, *After Work Balance: Die Zeit danach*, essentials,
DOI 10.1007/978-3-658-04422-0_23,